白纱新娘
发型设计教程
安洋 编著
（全视频版）▶

人民邮电出版社
北京

图书在版编目（ＣＩＰ）数据

白纱新娘发型设计教程：全视频版 / 安洋编著. --
北京：人民邮电出版社，2016.11
ISBN 978-7-115-43610-8

Ⅰ. ①白… Ⅱ. ①安… Ⅲ. ①女性－发型－设计－教
材 Ⅳ. ①TS974.21

中国版本图书馆CIP数据核字(2016)第239150号

内 容 提 要

本书是一本白纱新娘发型的实例教程，全书共有 50 个实例，分为浪漫新娘白纱发型、优雅新娘白纱发型、复古新娘白纱发型、高贵新娘白纱发型和森系新娘白纱发型 5 个部分。本书图文并茂，步骤分解详细，文字讲述清晰，而且每个实例前面都会展示 5 张完成效果图。书中每一个实例都配有视频教学，采用光盘和手机扫描二维码的双重视频附带方式，使读者观看视频更加方便。

本书适合从业的化妆造型师学习使用，也可以作为相关培训机构的学员的参考用书。

◆ 编　著　安　洋
　　责任编辑　赵　迟
　　责任印制　陈　犇

◆ 人民邮电出版社出版发行　　北京市丰台区成寿寺路 11 号
　　邮编　100164　电子邮件　315@ptpress.com.cn
　　网址　http://www.ptpress.com.cn
　　北京盛通印刷股份有限公司印刷

◆ 开本：889×1194　1/16
　　印张：13.75
　　字数：420 千字　　　　　　　2016 年 11 月第 1 版
　　印数：1－3 000 册　　　　　　2016 年 11 月北京第 1 次印刷

定价：98.00 元（附光盘）

读者服务热线：**(010)81055410**　印装质量热线：**(010)81055316**
反盗版热线：**(010)81055315**
广告经营许可证：京东工商广字第 **8052** 号

前言

　　一直想写一本能给读者带来更多收获的书，让读者有更直观、更真实的体验。有些事想着容易，但做起来会很难，不是自己不愿意付诸行动，而是以什么样的方式去做才是需要考虑的重要问题。

　　经过和编辑共同研究，我们在这本书中采用了这样的形式："实例图文解析 + 同步视频光盘 + 网络同步视频"，其中每一个部分的存在都不是多余的。图书本身自然不必多说，是核心部分。视频则采用两种呈现方式：配套光盘可以让大家在时间充裕的时候更加系统地学习；每个实例都配有二维码，只要用微信"扫一扫"功能进行扫描，输入密码即可观看相关造型的教学视频，更加便捷。视频教学可以让读者更好地了解每个造型的实际操作过程，给读者带来更加直观的感受。另外，在学习的时候一定要配合图书本身，因为书中每一款造型的文字注解和重点提示可以使读者对每一款造型有更深层次的理解，从而提高造型水平。

　　这本书按发型风格，分为浪漫新娘白纱发型、优雅新娘白纱发型、复古新娘白纱发型、高贵新娘白纱发型和森系新娘白纱发型 5 个部分，包含 50 个新娘白纱发型实例，为大家进行了全面的实例解析。同步视频中涉及了多种手法，以及手法与手法之间的搭配，还有一些在以往的纯图文形式的发型书中无法呈现的细节手法，大家在学习的时候要着重关注细节处理，这样会有更多的收获。学一款发型只学会了发型本身只能算是最基本的学习，而通过发型本身加以拓展并变化出更多的造型才会有更深刻的领悟。

　　本套图书分为《白纱新娘发型设计教程（全视频版）》和《经典新娘发型设计教程（全视频版）》两本。有些读者想更多地了解白纱、晚礼和中式发型的内容，这些会在《经典新娘发型设计教程（全视频版）》一书中呈现，希望大家能够学以致用。

　　感谢所有参与本书编写工作的模特和工作人员，同时感谢人民邮电出版社的编辑孟飞老师和赵迟老师对本书出版工作的大力支持。

安洋

2016.8

扫描二维码观看教学视频 密码

扫描二维码观看教学视频时需要输入密码，每一章的视频采用同一个密码

01	浪漫新娘白纱发型	密码：anyang2016a
02	优雅新娘白纱发型	密码：anyang2016b
03	复古新娘白纱发型	密码：anyang2016c
04	高贵新娘白纱发型	密码：anyang2016d
05	森系新娘白纱发型	密码：anyang2016e

目录

01
浪漫新娘白纱发型

02

优雅新娘白纱发型

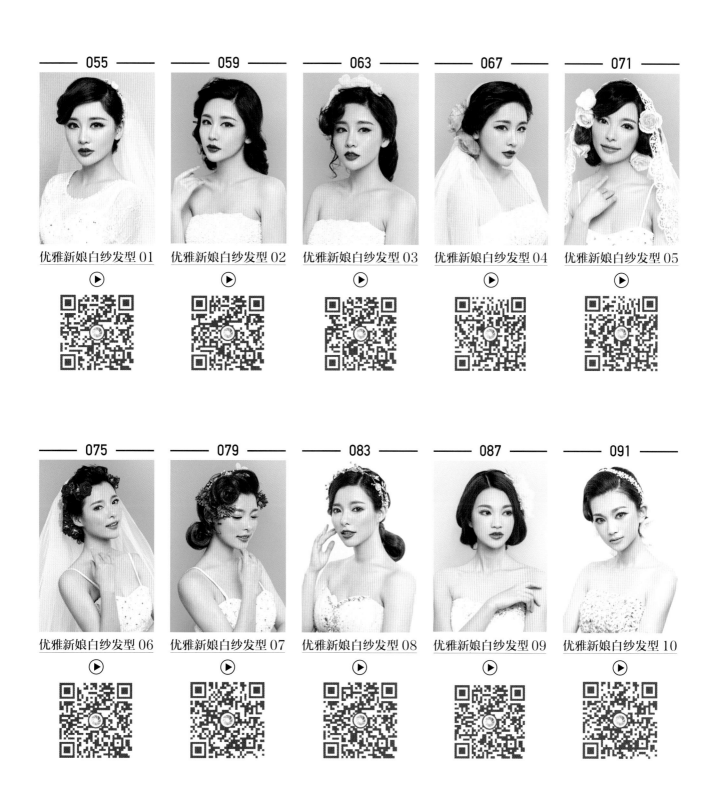

—— 055 ——
优雅新娘白纱发型 01
▶

—— 059 ——
优雅新娘白纱发型 02
▶

—— 063 ——
优雅新娘白纱发型 03
▶

—— 067 ——
优雅新娘白纱发型 04
▶

—— 071 ——
优雅新娘白纱发型 05
▶

—— 075 ——
优雅新娘白纱发型 06
▶

—— 079 ——
优雅新娘白纱发型 07
▶

—— 083 ——
优雅新娘白纱发型 08
▶

—— 087 ——
优雅新娘白纱发型 09
▶

—— 091 ——
优雅新娘白纱发型 10
▶

03

复古新娘白纱发型

097
复古新娘白纱发型 01

101
复古新娘白纱发型 02

105
复古新娘白纱发型 03

109
复古新娘白纱发型 04

113
复古新娘白纱发型 05

117
复古新娘白纱发型 06

121
复古新娘白纱发型 07

125
复古新娘白纱发型 08

129
复古新娘白纱发型 09

133
复古新娘白纱发型 10

04

高贵新娘白纱发型

139	143	147	151	155
高贵新娘白纱发型 01	高贵新娘白纱发型 02	高贵新娘白纱发型 03	高贵新娘白纱发型 04	高贵新娘白纱发型 05

159	163	167	171	175
高贵新娘白纱发型 06	高贵新娘白纱发型 07	高贵新娘白纱发型 08	高贵新娘白纱发型 09	高贵新娘白纱发型 10

05

森系新娘白纱发型

181 森系新娘白纱发型 01

185 森系新娘白纱发型 02

189 森系新娘白纱发型 03

193 森系新娘白纱发型 04

197 森系新娘白纱发型 05

201 森系新娘白纱发型 06

205 森系新娘白纱发型 07

209 森系新娘白纱发型 08

213 森系新娘白纱发型 09

217 森系新娘白纱发型 10

01

浪漫新娘
白纱发型

BRIDE HAIRSTYLE

扫描二维码
观看教学视频 ▶

浪漫新娘白纱发型 01

操作重点：

此款造型的两股辫编发使后发区的造型结构饱满而富有层次感；在刘海区及两侧发区塑造层次飘逸的发丝，搭配纱质绢花饰品，整体造型更加浪漫。

STEP 01

将顶区的头发进行三股辫编发。将编好的头发向下打卷，隆起一定高度，进行固定。

STEP 02

在后发区取头发，进行三股辫编发后固定。

STEP 03

在右侧发区取头发，进行两股辫续发编发。

STEP 04

将编好的头发拉至后发区的左侧并固定。

STEP 05

将左侧发区的头发进行两股辫续发编发。

STEP 06

将编好的头发抽拉出层次后，向右侧固定。

STEP 07

将后发区下方的头发扭转，提拉至后发区的左侧并固定。

STEP 08

将后发区剩余的头发向右侧进行两股辫编发并固定。

STEP 09

用尖尾梳倒梳剩余的头发，使发丝更灵动而飘逸，然后将其向后发区固定。

STEP 10

佩戴饰品，装饰造型。

观看教学视频 扫描二维码 ▶

浪漫新娘白纱发型 02

操作重点：
用纱质绢花装饰造型，为复古的造型增添了浪漫色彩。

STEP 01
将右侧发区的头发打卷后固定在后发区的右侧。

STEP 02
固定好之后，对造型结构做调整，使其更加饱满。

STEP 03
在后发区取头发，向右侧进行打卷。

STEP 04
将打好的卷在右侧固定。

STEP 05
将后发区剩余的头发向左侧打卷。

STEP 06
将打好的卷在后发区的左侧固定。

STEP 07
调整刘海区的弧度并用波纹夹固定。

STEP 08

固定好之后，将发尾在右侧发区打卷并固定。

STEP 09

将左侧发区剩余的头发调整出波纹弧度后用波纹夹固定。

STEP 10

将剩余的发尾在后发区的左侧打卷并进行固定。对用波纹夹固定的头发喷胶定型。

STEP 11

待发胶干透后取下波纹夹。

STEP 12

在后发区的右侧佩戴绢花，装饰造型。

STEP 13

在后发区的左侧佩戴绢花，装饰造型。

STEP 14

在刘海区及刘海区的下方佩戴绢花，装饰造型。

浪漫新娘白纱发型 03

操作重点：

飘逸的发丝与永生花饰品相互搭配，体现出浪漫唯美的森系感；同时要注意对发丝层次感的把握。

STEP 01
将顶区及后发区的部分头发扎马尾。

STEP 02
将马尾中的头发向下掏转。

STEP 03
将后发区左侧的头发向右侧调整出弧度后用波纹夹进行固定。

STEP 04
将后发区右侧的头发向左侧提拉，扭转后固定。

STEP 05
固定好之后，将剩余的发尾收拢并固定。

STEP 06
从后发区分出部分头发，向后发区的右侧收拢并固定。对后面的头发喷胶定型。

STEP 07
取下波纹夹。

STEP 08
将后发区下方剩余的头发进行烫卷。

STEP 09
将刘海区及右侧发区的头发烫卷。

STEP 10
将左侧发区的头发烫卷。

STEP 11
将刘海区的头发向后提拉并倒梳。

STEP 12
将两侧发区的头发向后提拉并倒梳。

STEP 13
将左侧发区的头发在后发区扭转后固定。

STEP 14
将右侧发区的头发在后发区扭转并固定。

STEP 15
将后发区下方的头发进行三股辫编发。

STEP 16
将编好的头发在后发区的下方固定。

STEP 17
在头顶位置佩戴永生花饰品，装饰造型。

STEP 18
在后发区佩戴永生花饰品，装饰造型。

扫描二维码观看教学视频 ▶

浪漫新娘白纱发型 04

操作重点：

将两侧发区的发辫在后发区固定，使其呈向下的 V 字形，这样在发辫中穿插头发后能呈现更好的层次感和空间感。

STEP 01
将刘海区的头发向右侧做三带一编发处理，进行三股辫编发。

STEP 02
将编好的头发在后发区固定。

STEP 03
将左侧发区的头发进行三股辫编发后在后发区固定。

STEP 04
从后发区的左侧取头发，并将其穿插在辫子中。

STEP 05
从后发区的右侧取头发，将其穿插在辫子中。

STEP 06

将后发区剩余的头发进行三股辫编发。

STEP 07

将编好的头发用发片缠绕并固定。

STEP 08

在头顶位置佩戴花环，装饰造型。

STEP 09

在后发区的下方佩戴蝴蝶结，以装饰造型。

STEP 10

造型完成。

浪漫新娘白纱发型 05

操作重点：

在造型中，要充分利用电卷棒，例如，对此款造型后发区下方的头发用电卷棒烫卷，使其更符合向上固定时所需要的弧度，这样有利于打造后发区下方造型饱满的轮廓。

STEP 01
在顶区取头发，并将其相互交叉。

STEP 02
从顶区开始向下进行鱼骨辫编发。

STEP 03
将编好的头发抽出层次。

STEP 04
将鱼骨辫在后发区固定。

STEP 05
从后发区的右侧取头发，进行两股辫编发。

STEP 06
将编好的头发抽出层次并进行固定。

STEP 07
从左侧发区取头发，进行两股辫编发。

STEP 08
将编好的头发抽出层次并进行固定。

STEP 09

将刘海区和右侧发区的头发进行两股辫编发。

STEP 10

将编好的头发在后发区的左侧固定。

STEP 11

将左侧发区的头发进行两股辫编发，然后在后发区的右侧固定。

STEP 12

将后发区下方剩余的头发进行烫卷。

STEP 13

将烫好的头发调整出层次。

STEP 14

将发尾向上收拢并固定。

STEP 15

在头顶位置佩戴绿藤，然后在后发区位置佩戴玫瑰及黄莺草，装饰造型。

STEP 16

在头顶及两侧固定黄莺草，点缀造型。

扫描二维码
观看教学视频 ▶

浪漫新娘白纱发型 06

操作重点:

将顶区的头发用电卷棒烫卷,烫好之后不要撕拉开,借用烫卷的弧度进行造型会呈现出更好的纹理感。

STEP 01
将顶区的头发用电卷棒烫卷。

STEP 02
将烫好的头发在后发区收拢并固定。

STEP 03
将后发区右侧的头发进行两股辫编发。

STEP 04
将编好的头发向后发区的左侧固定。

STEP 05
将后发区剩余的头发进行两股辫编发。

STEP 06
将编好的头发向后发区的右侧固定。

STEP 07
将右侧发区的头发进行两股辫编发。

08

09

10

STEP 08
将编好的头发抽出层次。

STEP 09
将抽出层次的辫子在后发区固定。

STEP 10
将左侧发区的头发进行两股辫编发。

11

STEP 11
将编好的头发抽出层次后在后发区进行固定。

STEP 12
对刘海区的发丝进行喷胶定型。

STEP 13
在左侧发区及后发区佩戴鲜花，装饰造型。

STEP 14
在刘海区佩戴鲜花，装饰造型。

12

13

14

浪漫新娘白纱发型 07

操作重点：

刘海区的头发要呈现出丰富的层次感；用花朵装饰造型，花朵在刘海区的发丝中若隐若现，使造型更具有浪漫的美感。

STEP 01
从顶区的右侧取头发，进行两股辫续发编发。

STEP 02
将辫子向后发区的左下方进行收拢。

STEP 03
将头发用皮筋固定，进行三股辫编发。

STEP 04
将编好的头发抽出层次。

STEP 05
将编好的头发缠绕在后发区的头发上。

STEP 06
将缠绕好的辫子固定。

STEP 07
在后发区的下方取头发，进行两股辫编发。

STEP 08
将编好的头发抽出层次。

STEP 09

将抽出层次的头发在后发区的左下方固定。

STEP 10

将后发区剩余的头发进行两股辫编发。

STEP 11

将编好的头发抽出层次后向上打卷并固定。

STEP 12

将刘海区的头发向后提拉并倒梳。

STEP 13

用尖尾梳将刘海区的头发向后发区整理出层次后固定。

STEP 14

用电卷棒将剩余的头发进行烫卷。

STEP 15

在刘海区佩戴鲜花，以装饰造型。

STEP 16

在左侧发区及后发区佩戴鲜花，装饰造型。

扫描二维码
观看教学视频 ▶

浪漫新娘白纱发型 08

操作重点：

在后发区进行蝴蝶结编发时要注意掏转头发的一致性，蝴蝶结表面发丝的线条要流畅。

STEP 01
在顶区取头发，进行三股辫编发。

STEP 02
在左右两侧各带入一片头发后用皮筋固定头发，然后从固定的头发中掏出一部分。

STEP 03
将掏出的头发一分为二，然后将发尾在中间缠绕并固定。

STEP 04
将两边的头发固定出蝴蝶结的效果。

STEP 05
在后发区的下方用同样的方式再打造一个蝴蝶结。

STEP 06
将后发区的头发烫卷。

STEP 07
继续将剩余的头发烫卷，注意使发卷具有弹性，不要将其撕扯开。

STEP 08
将后发区左下方的卷发向右侧固定。

STEP 09
将后发区右下方的卷发向左侧固定。

STEP 10
将左右两侧发区的头发在蝴蝶结的下方固定。

STEP 11
在两侧发区头发中间的位置下发卡，加强固定。

STEP 12
将刘海区的头发在右侧发区固定。

STEP 13
将后发区下方的发尾向上收起并固定。

STEP 14
在头顶和后发区佩戴蝴蝶结，对造型进行装饰。

扫描二维码
观看教学视频 ▶

浪漫新娘白纱发型 09

操作重点：

在开始造型前，将所有的头发烫卷，借助发卷的弹性和卷度进行造型，整体造型具有丰富的层次感。

STEP 01
将右侧发区的头发烫卷。

STEP 02
将后发区的头发烫卷。

STEP 03
烫卷拉伸的角度呈斜向下。

STEP 04
继续将剩余的头发用电卷棒烫卷。

STEP 05
将顶区的一片头发向上扭转并固定。

STEP 06
将顶区的另外一片头发扭转并固定。

STEP 07
在后发区将头发收拢并固定。

STEP 08
将后发区右侧的一片头发从顶区的下方绕过并向左上方提拉并固定。

STEP 09
继续将后发区右侧的头发向左上方固定。

STEP 10
将左侧发区的一片头发向后发区的右侧固定。

STEP 11
在后发区的右侧取头发，向后发区的左侧固定。

STEP 12
将后发区右下方的头发向左侧打卷并固定。

STEP 13
将后发区剩余的头发向上打卷并固定。

STEP 14
将右侧发区的头发在后发区扭转并抽出层次。

STEP 15
将抽出层次的头发在后发区的下方固定。

STEP 16
将左侧发区剩余的头发扭转并抽出层次。

STEP 17
将抽出层次的头发在后发区的左侧固定。

STEP 18
将刘海区的头发进行扭转。

STEP 19
将扭转的头发抽出层次。

STEP 20
将抽出层次的头发在右侧发区固定。

STEP 21
将刘海区剩余的头发在右侧发区固定。

STEP 22
在头顶位置佩戴饰品。

STEP 23
将饰品在后发区系蝴蝶结。

STEP 24
在后发区佩戴蝴蝶结饰品，装饰造型。

扫描二维码
观看教学视频 ▶

浪漫新娘白纱发型 10

操作重点：

将两股辫抽丝出层次，用电卷棒烫卷预留的发丝，丰富造型的层次感；搭配纱质造型花，使整体造型轻盈而活泼。

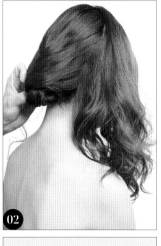

STEP 01
在后发区的下方将头发进行
三股辫编发。

STEP 02
将编好的头发向下进行打卷
并固定。

STEP 03
在左侧发区取头发，并保留
一些发丝。

STEP 04
将左侧发区所取的头发进行
两股辫编发。

STEP 05
将编好的头发抽出层次。

STEP 06
将抽出层次的头发在后发区
的下方固定。

STEP 07
从刘海区分出一片头发，进
行两股辫编发。

STEP 08
将编好的头发抽出层次。

STEP 09
将抽出层次的头发在后发区
固定。

STEP 10
从右侧发区分出头发，进行两股辫编发。

STEP 11
将编好的头发抽出层次后在后发区固定。

STEP 12
继续将右侧发区剩余的头发进行两股辫编发。

STEP 13
将编好的头发抽出层次后在后发区固定。

STEP 14
在刘海区分出一片头发并保留一些发丝。

STEP 15
将刘海区分出的一片头发进行两股辫编发。

STEP 16
将编好的头发抽出层次后在头顶位置固定。

STEP 17
对保留的发丝进行烫卷。

STEP 18
整理发丝，对头发进行喷胶定型。

STEP 19
在造型的两侧及后发区佩戴造型花。

02

优雅新娘
白纱发型

BRIDE HAIRSTYLE

观看教学视频 扫描二维码 ▶

优雅新娘白纱发型 01

操作重点：

优雅的刘海弧度与简约的编盘发相互结合，用头纱装饰造型，整体造型更加浪漫而优雅。

STEP 01
将右侧发区的头发进行两股辫编发。

STEP 02
将编好的头发在后发区固定。

STEP 03
将左侧发区的头发进行两股辫编发。

STEP 04
将编好的头发在后发区固定。

STEP 05
将后发区右侧的头发向左侧进行扭转后固定。

STEP 06
将后发区左侧的头发进行两股辫编发后扭转。

STEP 07
将扭转好的头发在后发区的右侧固定。

08

09

10

STEP 08
将后发区下方剩余的头发向上收拢并固定。

STEP 09
用尖尾梳将刘海区的头发推出弧度并固定。

STEP 10
继续推出弧度后将发尾打卷并固定。

11

STEP 11
将刘海区剩余的头发在后发区打卷并固定。

STEP 12
在头顶位置佩戴头纱。

STEP 13
在后发区的两侧将头纱抓出层次，进行固定。

STEP 14
在头纱的边缘位置佩戴饰品，对造型进行装饰。

12

13

14

扫描二维码
观看教学视频 ▶

优雅新娘白纱发型 02

操作重点：

卷发之后，用气垫梳梳理头发，这样可以使头发具有更加蓬松、自然的卷度，更有利于打造发型的纹理。

STEP 01
将顶区及后发区的头发用电卷棒烫卷。

STEP 02
将右侧发区的头发用电卷棒烫卷。

STEP 03
将刘海区的头发用电卷棒烫卷。

STEP 04
将左侧发区的头发用电卷棒烫卷。

STEP 05
用气垫梳将后发区的头发梳开，使其呈现蓬松、自然的卷度。

STEP 06
用气垫梳将右侧发区的头发梳开。

STEP 07
用气垫梳将刘海区的头发向后梳理。

STEP 08
在后发区下波纹夹。

STEP 09
将刘海区及右侧发区的头发在后发区
固定。

STEP 10
将左侧发区的头发在后发区固定。

STEP 11
在后发区对头发喷胶定型，待发胶干
透后取下波纹夹。

STEP 12
在右侧及后发区佩戴饰品，装饰造型。

扫描二维码
观看教学视频 ▶

优雅新娘白纱发型 03

操作重点：

后发区下方的两条两股辫分别交叉向左右两侧固定，塑造后发区的造型轮廓；刘海区的打卷要具有层次感，使造型呈现较为优雅的感觉。

STEP 01

在后发区固定假发片，以增加头发的长度。

STEP 02

将刘海区的头发向前打卷并固定。

STEP 03

继续将刘海区的头发及右侧发区的头发在右侧发区打卷并固定。

STEP 04

将后发区右侧的头发向后发区的左侧扭转并固定。

STEP 05

将左侧发区的头发在后发区进行扭转并固定。

STEP 06

将后发区右下方的头发向左上方扭转并固定。

STEP 07
将后发区左下方的头发向右侧扭转并固定。

STEP 08
在后发区的左侧取头发，向后发区的中心位置打卷并固定。

STEP 09
将后发区右侧剩余的头发进行两股辫编发，扭转后向左上方固定。

STEP 10
将剩余的头发进行两股辫编发，扭转后向右上方固定。

STEP 11
在头顶位置佩戴饰品，装饰造型。

STEP 12
造型完成。

扫描二维码
观看教学视频 ▶

优雅新娘白纱发型 04

操作重点：

刘海区的头发蓬松、饱满而富有层次，用造型花和头纱来装饰造型，使整体造型优雅简约、唯美大气。

STEP 01

将刘海区及右侧发区的头发进行两股辫续发编发。

STEP 02

将编好的头发在后发区扭转并固定。

STEP 03

将左侧发区的头发向后发区方向进行两股辫续发编发。

STEP 04

编发时编入部分后发区的头发，在后发区扭转并固定。

STEP 05

将后发区右侧的头发向上打卷并固定。

STEP 06

将后发区左侧的头发向右侧进行扭转并固定。

STEP 07

将后发区下方剩余的头发进行三股辫编发。

STEP 08
将编好的头发抽出层次。

STEP 09
将抽出层次的头发向上打卷并固定。

STEP 10
适当调整刘海区头发的层次。

STEP 11
在头顶位置佩戴头纱。

STEP 12
将头纱在后发区左右两侧固定。

STEP 13
在后发区的右侧佩戴造型花。

STEP 14
在后发区的左侧佩戴造型花。

扫描二维码
观看教学视频 ▶

优雅新娘白纱发型 05

操作重点：

用玫瑰花点缀复古而优雅的盘发，用蕾丝花边头纱来装饰造型，整体造型在复古和优雅中具有浪漫感。

STEP 01
将刘海区的头发推出弧度。

STEP 02
将刘海区的头发用波纹夹固定。

STEP 03
将刘海区的头发向右侧脸颊位置推出弧度后用波纹夹固定。

STEP 04
在右侧将发尾向上打卷并固定。

STEP 05
将左侧发区的头发推出弧度后用波纹夹固定。

STEP 06
将发尾扭转后在左侧发区固定。

STEP 07
固定好之后，将左侧发区剩余的头发向前打卷并固定。对头发喷胶定型。

STEP 08
将后发区剩余的头发左右交叉。

STEP 09
将右侧的头发在后发区的左侧打卷并固定。

STEP 10
将左侧的头发在后发区的右侧打卷并固定。

STEP 11
将固定的波纹夹取下。

STEP 12
在右侧发区及后发区右下方佩戴鲜花。

STEP 13
在左侧发区佩戴鲜花。

STEP 14
在头顶位置佩戴头纱。

优雅新娘白纱发型 06

操作重点：

此款造型的刘海区向上梳起，饱满且具有层次感；在刘海区的两侧用鲜花进行装饰，在头顶佩戴头纱，使部分鲜花若隐若现，增加造型的浪漫感。

STEP 01
将刘海区的头发向上提拉并倒梳。

STEP 02
将左侧发区的头发向后扭转并固定。

STEP 03
在后发区将右侧发区的头发松散地进行两股辫编发后抽出层次。

STEP 04
将处理好的头发向上扭转，在后发区固定。

STEP 05
在后发区的左侧取头发，进行两股辫编发后抽出层次。

STEP 06
将处理好的头发向上扭转并固定。

STEP 07
将后发区右侧剩余的头发进行三股辫编发。

STEP 08
将编好的头发在后发区的左侧固定。

STEP 09
将后发区剩余的头发进行三股辫编发。

STEP 10
将编好的头发在右侧固定。

STEP 11
在右侧发区及后发区的右侧佩戴鲜花。

STEP 12
在左侧发区佩戴鲜花。

STEP 13
用绿藤对鲜花进行装饰。

STEP 14
佩戴头纱，装饰造型。

扫描二维码
观看教学视频

优雅新娘白纱发型 07

操作重点：

注意刘海区及右侧发区的层次感，利用电卷棒将头发烫出卷度后整理头发的层次；有层次的刘海有利于使鲜花与造型更好地搭配。

STEP 01
将刘海区的头发向上打卷并固定。

STEP 02
将右侧发区的头发向上打卷并固定。

STEP 03
从左侧发区取头发并带向右侧发区。

STEP 04
将后发区右侧的头发打卷并固定。

STEP 05
将后发区左侧的头发打卷并固定。

STEP 06
将后发区剩余的头发进行三股辫编发。

STEP 07

将编好的头发向上打卷并固定。

STEP 08

将从左侧发区带向右侧发区的头发进行烫卷。

STEP 09

将烫好卷的头发在右侧发区固定。

STEP 10

在头顶位置佩戴饰品。

STEP 11

在右侧发区佩戴鲜花。

STEP 12

在左侧发区佩戴鲜花。

扫描二维码
观看教学视频 ▶

优雅新娘白纱发型 08

操作重点：

在后发区推出波纹弧度，造型在干净整洁的同时层次感更加丰富；
再搭配复古饰品，整体造型呈现优雅之美。

STEP 01
在顶区分出一片头发，用尖尾梳推出弧度并固定。

STEP 03
将剩余的发尾在后发区推出弧度并固定。

STEP 05
将收拢好的头发用皮筋扎低马尾。

STEP 02
继续用尖尾梳将头发向上推出弧度并固定。

STEP 04
将顶区及后发区的头发在后发区的下方收拢。

STEP 06
将左侧发区的部分头发用尖尾梳推出弧度并固定。

STEP 08
将剩余的发尾在后发区打卷并固定。对用波纹夹固定的头发喷胶定型，待发胶干透后取下波纹夹。

STEP 10
继续用尖尾梳将头发向下推出弧度并固定。

STEP 07
将剩余的发尾在后发区推出弧度并固定。

STEP 09
从右侧发区分出头发，在后发区推出弧度并固定。

STEP 11
推好弧度后将发尾固定。对波纹夹固定的头发喷胶定型。

STEP 12
将固定之后剩余的头发缠绕在固定皮筋的位置并将头发固定好。

STEP 13
将马尾进行三股辫编发。

STEP 14
将编好的发尾用皮筋固定。

STEP 15
将头发向下打卷并固定。待发胶干透后取下波纹夹。

STEP 16
将右侧发区的头发进行三股辫编发。

STEP 17
将编好的头发从后发区头发的下方带向左侧。

STEP 18
将三股辫缠绕在固定皮筋的位置后固定。

STEP 19
调整刘海区头发的弧度。

STEP 20
将刘海区的发尾在后发区进行固定。

STEP 21
在头顶位置佩戴饰品，装饰造型。

STEP 22
在两侧发区及后发区佩戴饰品，点缀造型。

扫描二维码
观看教学视频 ▶

优雅新娘白纱发型 09

操作重点:

先将顶区的头发临时固定,然后用顶区的头发对后发区的头发进行
包裹,整体造型自然而简约。

STEP 01
用尖尾梳分出刘海区的头发。

STEP 02
将顶区及两侧发区的头发分出后向上临时固定。

STEP 03
继续从后发区分出一部分头发，向上临时固定。

STEP 04
将后发区的头发提拉并倒梳。

STEP 05
将后发区中间的头发向上打卷并固定。

STEP 06
将后发区左侧的头发倒梳。

STEP 07
将倒梳后的头发向上打卷并固定。

STEP 08
将后发区右侧的头发倒梳。

STEP 09
将倒梳后的头发向上打卷并固定。

STEP 10
将顶区的头发放下后烫卷。

STEP 11
继续将顶区右侧的头发烫卷。

STEP 12
将刘海区的头发烫卷。

STEP 13
继续将刘海区前方的头发用电卷棒向下烫卷。

STEP 14
在后发区将顶区的头发向下打卷并固定。

STEP 15
将右侧发区的头发在后发区固定。

STEP 16
将左侧发区和部分刘海区的头发在后发区固定。

STEP 17
将刘海区的头发在后发区的左下方固定。

STEP 18
佩戴饰品，装饰造型。

扫描二维码
观看教学视频 ▶

优雅新娘白纱发型 10

操作重点：

此款造型后发区的结构光滑而饱满，用造型花遮挡后发区两侧不饱满的位置，整体造型优雅而浪漫。

STEP 01
将顶区的头发扎马尾。

STEP 02
将后发区两侧的头发扎马尾。

STEP 03
将左侧发区的头发在后发区扭转并固定。

STEP 04
将右侧发区的头发在后发区扭转并固定。

STEP 05
将后发区右侧的头发向上打卷。

STEP 06
将打好的卷进行固定。

STEP 07
将后发区剩余的头发打卷并固定。

STEP 08
将顶区的头发向下掏转。

STEP 09
从顶区马尾中分出一片头发，在后发区的右下方固定。

STEP 10
将顶区马尾剩余的头发在后发区的左下方固定。

STEP 11
将刘海区的头发向上推，用波纹夹固定。

STEP 12
将刘海区的头发继续推出波纹并固定。

STEP 13
将剩余的头发在后发区的右侧推出弧度并固定。

STEP 14
将剩余的发尾扭转后在后发区的下方固定。

STEP 15
在头顶位置佩戴饰品。

STEP 16
将饰品在后发区的下方进行固定。

STEP 17
在后发区的右侧佩戴造型花，装饰造型。

STEP 18
在后发区的左侧佩戴造型花，装饰造型。

03

复古新娘
白纱发型

BRIDE HAIRSTYLE

扫描二维码
观看教学视频 ▶

复古新娘白纱发型 01

操作重点：

刘海区飘逸的发丝搭配复古礼帽，使整体造型具有复古而浪漫的时尚美感，注意后发区的造型轮廓要饱满。

STEP 01
将右侧发区的头发向后发区扭转。

STEP 02
将扭转好的头发在后发区固定。

STEP 03
将顶区的头发向后发区的右侧扭转并固定。

STEP 04
在顶区取头发，进行两股辫编发。

STEP 05
将编好的头发在后发区的右侧固定。

STEP 06
从后发区取头发，进行两股辫编发。

STEP 07
将编好的头发在后发区的右侧固定。

08

09

10

STEP 08

将后发区右侧的头发向上翻卷并固定。

STEP 09

将后发区剩余的头发向上翻卷并固定。

STEP 10

用尖尾梳倒梳刘海区的头发，使其更具有层次感。

11

STEP 11

倒梳的时候，注意提拉头发的角度。

STEP 12

将左侧发区的头发向后扭转并固定。

STEP 13

调整左侧发区发丝的层次并使造型的轮廓更加饱满。

STEP 14

在左侧发区佩戴礼帽，装饰造型。

12

13

14

扫描二维码
观看教学视频 ▶

复古新娘白纱发型 02

操作重点：

用复古而时尚的帽子搭配有层次感的侧盘编发，整体造型在复古的同时具有优雅感。

STEP 01
用波纹夹对刘海区的头发进行固定。

STEP 02
用尖尾梳将刘海区的头发推出弧度。

STEP 03
继续用波纹夹对头发进行固定。

STEP 04
将刘海区头发的发尾打卷并固定。对用波纹夹固定的头发喷胶定型。

STEP 05
将右侧发区的头发进行三股辫编发后在刘海区的下方固定。

STEP 06
从顶区取头发，进行两股辫编发后在右侧发区固定。

STEP 07
将后发区左侧的头发进行两股辫编发后在右侧固定。

STEP 08
将后发区剩余的头发进行两股辫编发后在右侧固定。

STEP 09
将左侧发区的头发进行两股辫编发后在后发区固定。

STEP 10
取下波纹夹。

STEP 11
在左侧发区佩戴帽子。

STEP 12
在刘海区及左侧发区帽子下方佩戴饰品，装饰造型。

复古新娘白纱发型 03

操作重点：

用复古礼帽搭配手推波纹造型，整体造型更具有复古而唯美的感觉。

STEP 01
分出刘海区的头发并将其临时固定。

STEP 02
用尖尾梳分出两侧发区的头发。

STEP 03
将后发区的头发进行三股辫编发。

STEP 04
将编好的头发向下扣卷，隐藏发尾。

STEP 05
将扣卷的头发用发卡固定。

STEP 06
将部分刘海区的头发与右侧发区的头发相互结合，推出弧度后用波纹夹对其进行固定。

STEP 07
将发尾向上提拉，扭转并在后发区的右侧固定。

STEP 08
将左侧发区的头发用波纹夹固定。

STEP 09
将发尾向上翻卷并在后发区固定。对头发进行喷胶定型。

STEP 10
待发胶干透后，取下右侧的波纹夹。

STEP 11
将刘海区的头发向前拉并用波纹夹进行固定。

STEP 12
将刘海推出弧度后用波纹夹固定。

STEP 13
将发尾隐藏好并用波纹夹固定。然后对头发喷胶定型，待发胶干透后将所有波纹夹取下。

STEP 14
在头顶偏左侧佩戴礼帽。

扫描二维码
观看教学视频 ▶

复古新娘白纱发型 04

操作重点：

刘海区优美的弧度搭配花环饰品，整体造型浪漫而优雅；注意可用
波纹夹辅助造型，使造型的弧度更加优美。

STEP 01
将刘海区的头发用波纹夹固定。

STEP 02
将刘海区的头发调整出弧度并用波纹夹固定。

STEP 03
将刘海区的发尾和右侧发区的头发打卷，然后将其在后发区的右侧固定。

STEP 04
将左侧发区的头发在后发区进行打卷并固定。

STEP 05
将左侧发区的头发用波纹夹固定，使其更加伏贴。

STEP 06
将后发区的头发用波纹夹固定。对用波纹夹固定的头发喷胶定型。

STEP 07
将后发区右侧的头发向上扭转并固定。

STEP 08
将后发区左侧的头发向上扭转并固定。

STEP 09
将剩余的发尾向上打卷并固定。

STEP 10
取下后发区的波纹夹。

STEP 11
取下两侧发区的波纹夹。

STEP 12
在头顶位置佩戴花环饰品。

STEP 13
在头顶位置佩戴饰品，与花环饰品相互结合。

STEP 14
造型完成。

扫描二维码
观看教学视频 ▶

复古新娘白纱发型 05

操作重点：

后发区的头发呈包裹的样式向上翻卷，需要利用电卷棒来辅助达到
这样的翻卷效果；搭配发带饰品，使整体造型浪漫而复古。

STEP 01
分出左右刘海区的头发并将其固定。

STEP 02
将两侧发区的头发分出。

STEP 03
将后发区的头发用波纹夹进行固定。

STEP 04
继续将后发区右侧的头发用波纹夹固定。

STEP 05
将波纹夹固定好之后，对头发进行喷胶定型。

STEP 06
用电卷棒将后发区的头发进行烫卷。

STEP 07
继续将后发区的头发烫卷，注意两边的发卷都是向上翻卷的。

STEP 08
将烫卷的头发固定好之后，取下波纹夹。

STEP 09
将后发区两侧的头发收拢并用发卡固定。

STEP 10
继续在后发区的右侧将头发推出适当的弧度后用波纹夹固定。

STEP 11
将后发区左侧的头发处理出合适的弧度后固定。

STEP 12
对后发区的头发喷胶定型，待发胶干透后取下波纹夹。

STEP 13
将右侧发区的头发和右侧刘海合在一起，摆出弧度后用波纹夹固定。

STEP 14
将发尾在后发区扭转并固定。

STEP 15
将剩余的发尾用波纹夹固定在后发区。

STEP 16
将左侧发区的头发与左侧的刘海用波纹夹固定出弧度。

STEP 17
将剩余的发尾在后发区扭转并固定。

STEP 18
对头发喷胶定型。

STEP 19
在头顶位置佩戴饰品，装饰造型。

STEP 20
将饰品上的丝带在后发区系蝴蝶结。

复古新娘白纱发型 06

操作重点：

将刘海区的头发平推出弧度后用波纹夹固定；纹理自然的波纹搭配蕾丝礼帽，使造型呈现复古而简约的美感。

STEP 01
将右侧刘海区的头发向上提拉并倒梳。

STEP 02
将右侧刘海区的头发推出弧度并用波纹夹固定。

STEP 03
将发尾在后发区的右侧打卷并固定。

STEP 04
将左侧刘海头发向上提拉并倒梳。

STEP 05
将左侧刘海区的头发推出弧度并用波纹夹固定。

STEP 06
将发尾在后发区的左侧打卷并固定。

STEP 07
从后发区取部分头发，向右侧打卷。

STEP 08
将打好的卷用发卡固定。

STEP 09
将后发区剩余的头发向左侧进行打卷并固定。

STEP 10
用发胶对头发进行喷胶定型。

STEP 11
待发胶干透后取下波纹夹。

STEP 12
在头顶偏右侧佩戴礼帽，装饰造型。

复古新娘白纱发型 07

操作重点：
利用波纹夹辅助打造刘海区及后发区的波纹和造型的弧度；用复古饰品和鲜花来装饰造型，使造型呈现复古而浪漫的感觉。

STEP 01
分区出刘海区的头发后将其临时固定。

STEP 02
将右侧发区的头发向后扭转并固定。

STEP 03
将左侧发区的头发向后扭转并固定。

STEP 04
在后发区用波纹夹将头发进行固定。

STEP 05
将后发区的头发进行三股辫编发。

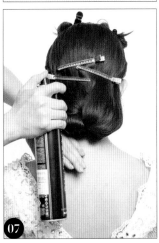

STEP 06
将编好的头发在后发区向下扣卷并固定。

STEP 07
对后发区的头发喷胶定型。

STEP 08
将刘海区右侧的头发用波纹夹固定。

STEP 09
将头发推出弧度后用波纹夹固定。

STEP 10
将剩余的发尾在后发区固定。

STEP 11
用刘海区左侧的头发遮挡额头后用波纹夹固定。

STEP 12
将头发向上推出弧度后用波纹夹固定。

STEP 13
继续用尖尾梳将头发推出合适的弧度并固定。

STEP 14
将剩余的发尾在后发区进行扭转。

STEP 15
将扭转好的头发固定。

STEP 16
将剩余的发尾在后发区的左侧打卷并固定。

STEP 17
对用波纹夹固定的头发喷胶定型,待发胶干透取下波纹夹。

STEP 18
在头顶位置佩戴饰品，装饰造型。

STEP 19
在饰品的两侧佩戴鲜花，装饰造型。

STEP 20
在后发区佩戴海星饰品，装饰造型。

复古新娘白纱发型 08

操作重点：

在用波纹夹塑造造型弧度前，先对头发进行充分的烫卷，这样更有利于为头发塑造弧度，否则出现的弧度会生硬、不完美。

STEP 01
用尖尾梳将后发区分出。

STEP 02
用波纹夹将后发区的头发进行固定。

STEP 03
将后发区的头发用尖尾梳从左向右推出弧度后用波纹夹固定。

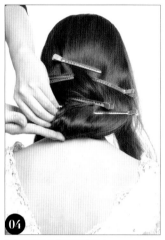

STEP 04
将剩余的发尾向下打卷并进行固定。

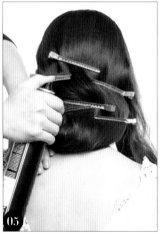

STEP 05
在后发区对头发喷胶定型。

STEP 06
将右侧发区的头发用电卷棒烫卷。

STEP 07
将刘海区的头发烫卷。

STEP 08
用气垫梳将烫好的头发梳理通顺。

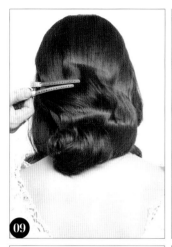

STEP 09
待发胶干透后，取下后发区的波纹夹。

STEP 10
将右侧发区的头发推出弧度后用波纹夹固定。

STEP 11
将发尾在右下方用波纹夹进行固定。

STEP 12
在后发区的下方将剩余的发尾进行固定。

STEP 13
将刘海用波纹夹固定。

STEP 14
固定好之后，将剩余的发尾扭转并在后发区固定。然后对用波纹夹固定的头发进行喷胶定型。

STEP 15
待发胶干透后取下波纹夹。

STEP 16
佩戴饰品，装饰造型。造型完成。

扫描二维码
观看教学视频 ▶

复古新娘白纱发型 09

操作重点：

这是一款复古的侧盘发，重点在于凸显刘海区优美的弧度；在右侧发区和左侧发区分别佩戴饰品，使其相互呼应；整体造型复古简约、优雅大气。

STEP 01
将刘海区的头发用波纹夹固定。

STEP 02
用尖尾梳将刘海区的头发推出弧度。

STEP 03
将推好的弧度用波纹夹固定。

STEP 04
将右侧发区、顶区的头发及刘海区的发尾在右侧向下打卷并固定。

STEP 05
将后发区剩余的头发在后发区打卷并固定。

STEP 06

将左侧发区的头发在后发区向右扭转并固定。

STEP 07

对头发进行喷胶定型。

STEP 08

待发胶干透后，取下波纹夹。

STEP 09

在右侧发区佩戴饰品，装饰造型。

STEP 10

在左侧发区佩戴饰品，装饰造型。

扫描二维码
观看教学视频 ▶

复古新娘白纱发型 10

操作重点：
此款造型主要利用向上打卷的造型手法，注意后发区造型轮廓的饱
满度；利用饰品修饰造型轮廓不够饱满的位置。

STEP 01
将刘海区的头发向上打卷并固定。

STEP 02
将剩余的发尾继续向上打卷并固定。

STEP 03
将右侧发区的头发向上打卷并固定。

STEP 04
在后发区的右侧取头发，进行扭转并固定。

STEP 05
继续从后发区的右下方取头发，扭转后固定。

STEP 06

将后发区下方的头发向上打卷并固定。

STEP 07

将后发区左侧剩余的头发及左侧发区的头发向上打卷并固定。

STEP 08

在头顶位置佩戴饰品。

STEP 09

在刘海区的右侧佩戴蝴蝶饰品,装饰造型。

STEP 10

在后发区佩戴饰品,装饰造型。

04

高贵新娘
白纱发型

BRIDE HAIRSTYLE

扫描二维码 观看教学视频 ▶

高贵新娘白纱发型 01

操作重点：

此款造型最后用电卷棒烫发丝非常重要，这使造型更具有层次感；
搭配唯美皇冠，使整体造型高贵而浪漫。

STEP 01
将顶区的头发向上收拢并暂时固定。

STEP 02
将刘海区的头发向后翻卷并固定。

STEP 03
将右侧发区的头发进行三股辫编发。

STEP 04
将编好的头发向上打卷并固定。

STEP 05
保留部分发丝后将右侧发区剩余的头发向上打卷并固定。

STEP 06
将左侧发区的部分头发进行三股辫编发后向上打卷并固定。

STEP 07
将左侧发区剩余的头发进行三股辫编发后向上打卷并固定。

08

09

10

STEP 08
在后发区将头发进行倒梳。

STEP 09
将倒梳好的头发向上翻卷，收拢并固定好。

STEP 10
从顶区的头发中分出一片并将其向上打卷。

11

STEP 11
用同样的方式分多次将头发向上打卷并固定。

STEP 12
将剩余的头发打卷并固定。

STEP 13
将剩余的发丝用电卷棒烫卷。将发丝整理好层次后喷胶定型。

STEP 14
在头顶位置佩戴饰品，装饰造型。

12

13

14

扫描二维码
观看教学视频 ▶

高贵新娘白纱发型 02

操作重点：

此款造型在后发区编发后，要采用一层层包裹的方式固定，注意头发固定的位置，并打造后发区饱满的造型轮廓。

STEP 01

从顶区取头发，将其进行三股交叉。

STEP 02

从顶区向后发区方向进行三带一编发。

STEP 03

继续向下编发，编入部分后发区的头发。

STEP 04

将编好的头发向上进行打卷并固定。

STEP 05

在后发区的左侧取头发，进行三带一编发。

STEP 06

继续编发，带入后发区下方的头发。

STEP 07

将编好的头发在后发区的右侧固定。

STEP 08

将后发区左侧的头发倒梳并喷胶定型后，将其向右侧提拉，打卷并固定。

STEP 09

将后发区右侧的头发倒梳并喷胶定型后，将其向左侧扭转并固定。然后调整后发区造型轮廓的饱满度。

STEP 10

从刘海区分出部分头发，扭转后抽出层次，向后发区方向提拉并固定。

STEP 11

继续从刘海区分出头发，扭转后抽出层次，然后向后发区固定。

STEP 12

从刘海区分出头发，向上翻卷并固定。

STEP 13

继续从刘海区分出头发，向上翻卷并固定。

STEP 14

调整刘海区剩余头发的层次并将其固定。

STEP 15

将左侧发区的头发抽出层次并在后发区固定。

STEP 16

在头顶位置佩戴饰品，装饰造型。

扫描二维码
观看教学视频 ▶

高贵新娘白纱发型 03

操作重点:

有层次感的上盘造型搭配中国风仿点翠皇冠,再结合造型两侧自然下垂的卷曲头发,整体造型在高贵中不失浪漫。

STEP 01
将刘海区的头发向后打卷并固定。

STEP 02
将右侧发区的头发倒梳后向顶区固定。

STEP 03
在左侧发区取头发，向上打卷并固定。

STEP 04
继续将左侧发区的头发向上固定。

STEP 05
在后发区的右侧将部分头发扭转并将
发尾调整出层次，进行固定。

STEP 06

在后发区继续取头发，扭转并将发尾调整出层次后固定。

STEP 07

将后发区剩余的头发扭转并将发尾调整出层次，进行固定。

STEP 08

在头顶位置佩戴仿点翠皇冠饰品。

STEP 09

将两侧发区保留的发丝烫卷。

STEP 10

造型完成。

高贵新娘白纱发型 04

操作重点:

简约干净的复古造型搭配森系的饰品,整体造型优雅而复古,且具有高贵的感觉。

STEP 01

用尖尾梳对头发进行中分。

STEP 02

将两侧的刘海临时固定。

STEP 03

从顶区取头发，将其进行三股交叉。

STEP 04

向后发区的下方进行三加二编发。

STEP 05

将编好的头发向下进行打卷并固定。

STEP 06

将后发区下方的头发倒梳。

STEP 07

将倒梳好的头发向上翻卷并固定。

STEP 08

将右侧发区的头发向后发区的左侧固定。

STEP 09

将左侧发区的头发向后发区的右下方扭转并固定，收起发尾。

STEP 10

将右侧刘海区的头发推出弧度后用波纹夹固定。

STEP 11

固定好之后，将发尾扭转后在后发区的下方固定。

STEP 12

将左侧刘海区的头发推出波纹弧度后用波纹夹固定。

STEP 13

将剩余的发尾扭转后在后发区的下方固定。对用波纹夹固定的头发喷胶定型。

STEP 14

待发胶干透后取下波纹夹。

STEP 15

在头顶位置佩戴皇冠，在皇冠左右两侧佩戴鲜花。

STEP 16

在后发区佩戴绿藤，以装饰造型。

扫描二维码
观看教学视频 ►

高贵新娘白纱发型 05

操作重点：

整体造型光滑而干净，波纹刘海使造型具有复古的情调；用鲜花装饰造型，使整体造型高贵而优雅。

STEP 01
将顶区的头发向上进行提拉并倒梳。

STEP 02
在后发区的右侧用波纹夹进行固定。

STEP 03
在后发区共横向下三个波纹夹，固定头发。对头发喷胶定型。

STEP 04
将后发区右侧的头发向上扭转并固定。

STEP 05
将后发区左侧的头发向右侧扭转并固定。

STEP 06
从后发区的右侧取头发，向左侧扭转并固定。

STEP 07
继续将后发区的头发从右向左扭转并固定。

STEP 08
将后发区剩余的头发从右向左扭转。

STEP 09
将扭转好的头发在后发区固定好。

STEP 10
待发胶干透后取下后发区的波纹夹。

STEP 11
将刘海区的头发推出弧度后用波纹夹固定。

STEP 12
用尖尾梳继续将刘海区的发尾推出弧度并固定。

STEP 13
继续将发尾向后发区扭转并固定。

STEP 14
将剩余的发尾在后发区的下方固定。

STEP 15
将左侧发区的头发推出弧度后用波纹夹固定。

STEP 16
将剩余的发尾在后发区向下扭转并固定。对头发进行喷胶定型。

STEP 17
待发胶干透后取下波纹夹。

STEP 18
在头顶位置佩戴饰品。

STEP 19
在后发区佩戴玫瑰花，装饰造型。

STEP 20
在后发区佩戴鲜花，以点缀造型。

扫描二维码
观看教学视频 ▶

高贵新娘白纱发型 06

操作重点：

此款造型体现出自然的层次感；将后发区的头发进行两股辫编发后抽出层次，使后发区的轮廓更加饱满；搭配唯美的皇冠和花朵，使造型更加高贵。

STEP 01
从顶区向右侧发区方向进行两股辫续发编发。

STEP 02
将编好的头发在右侧发区进行固定。

STEP 03
将左侧发区的头发进行两股辫续发编发。

STEP 04
将编好的头发在后发区的左侧固定。

STEP 05
抽松编好的头发，使其呈现饱满的感觉。

STEP 07
将编好的头发抽出层次。

STEP 09
从后发区的左下方取头发，以扭绳的方式收拢后，向后发区的右侧固定。

STEP 06
从顶区向右侧发区方向进行两股辫续发编发。

STEP 08
将抽出层次的头发向上打卷并固定。

STEP 10
从后发区的右下方取头发，进行两股辫编发。

STEP 11
将编好的头发抽出层次后向后发区的左上方固定。

STEP 12
将后发区剩余的头发进行两股辫编发。

STEP 13
将编好的头发抽出层次后向上固定。

STEP 14
将刘海区及左侧发区剩余的头发烫卷。

STEP 15
将刘海区的头发在右侧发区固定。

STEP 16
将左侧发区剩余的头发在后发区固定。

STEP 17
在头顶位置佩戴饰品。

STEP 18
在内侧发区及后发区佩戴造型花。

扫描二维码
观看教学视频 ▶

高贵新娘白纱发型 07

操作重点:

此款造型中,不但后发区的头发具有丰富的层次感,刘海区的头发
也具有一定的层次感,这样可以减弱饰品的生硬感,使造型在高贵
的同时具有柔美感。

STEP 01
在头顶位置佩戴饰品。

STEP 02
将左侧刘海区的头发进行两股辫编发。

STEP 03
将编好的头发抽出层次。

STEP 04
将抽出层次的头发在后发区固定。

STEP 05
将右侧发区的头发向左提拉，进行两股辫编发。

STEP 06
将编好的头发抽出层次后将其固定。

STEP 07
将右侧发区的头发进行两股辫编发。

STEP 08
将编好的头发抽出层次后在后发区固定。

STEP 09
在后发区的左侧取头发，进行两股辫编发。

STEP 10
将编好的头发抽出层次后在后发区的右侧固定。

STEP 11
从后发区的右侧取头发，向左侧进行两股辫编发。

STEP 12
将编好的头发抽出层次后在后发区的左侧固定。

STEP 13
将后发区左侧的头发倒梳。

STEP 14
将梳理好的头发向上打卷并固定。

STEP 15
将后发区右侧的头发倒梳。

STEP 16
将梳理好的头发向上打卷并固定。

STEP 17
在后发区的下方取头发并将其倒梳。

STEP 18
将梳理好的头发向上打卷并固定。

STEP 19
在后发区的左侧取头发，进行两股辫编发。

STEP 20
将编好的头发抽出层次后在后发区的右侧固定。

STEP 21
将后发区下方垂落的头发用小号电卷棒烫卷。

STEP 22
继续将后发区剩余的头发烫卷。

STEP 23
将两侧发区垂落的发丝烫卷。

STEP 24
将烫好卷的头发向上整理并喷胶定型。

扫描二维码 观看教学视频 ▶

高贵新娘白纱发型 08

操作重点：

在打造此款造型时，可先佩戴皇冠，然后对顶区的头发做造型；这种操作方式有利于使皇冠饰品与造型之间更好地结合，使整体造型高贵而柔美。

STEP 01
将顶区的头发收拢并扎马尾。

STEP 02
在顶区佩戴皇冠。

STEP 03
在马尾中分出一片头发，进行打卷。

STEP 04
将打好的卷在顶区固定。

STEP 05
将顶区剩余的头发倒梳。

STEP 06
梳理好头发后，将其在顶区打卷并固定。

STEP 07
将后发区左侧的头发进行两股辫编发。

STEP 08
将编好的头发在后发区的右侧固定。

STEP 09
将后发区剩余的头发进行两股辫编发。将编好的头发在后发区的左侧固定。

STEP 10
在刘海区取头发，进行两股辫编发。

STEP 11
将编好的头发抽出层次后向后固定。

STEP 12
继续将刘海区的头发进行两股辫编发。

STEP 13
将编好的头发抽出层次后向后固定。

STEP 14
将右侧发区剩余的头发进行两股辫编发。

STEP 15
将编好的头发抽出层次后在右侧发区的下方固定。

STEP 16
从左侧发区向右提拉头发，进行两股辫编发，抽出层次后在右侧固定。

STEP 17
将左侧发区剩余的头发进行两股辫编发后，向右侧发区方向固定。

STEP 18
对头发进行喷胶定型并调整造型的层次。

观看教学视频 扫描二维码 ▶

高贵新娘白纱发型 09

操作重点：

在完成造型后，将刘海区及侧发区预先保留的发丝进行烫卷，将其抽出层次后固定，这样可以使造型更具有浪漫而复古的美感。

STEP 01
保留一些发丝后将刘海区的头发向上提拉。

STEP 02
将刘海区的头发向后隆起一定高度后打卷并固定。

STEP 03
将右侧发区的头发向后发区方向打卷并固定。

STEP 04
从左侧发区分出部分发丝。

STEP 05
将左侧发区剩余的头发向上提拉，打卷并固定。

STEP 06

将后发区左侧的头发打卷并固定。

STEP 07

将后发区右侧的头发打卷并固定。

STEP 08

将保留的发丝用电卷棒烫卷。

STEP 09

调整烫卷发丝的层次，然后将其在头顶位置固定。

STEP 10

在头顶位置佩戴饰品，装饰造型。

高贵新娘白纱发型 10

操作重点：

此款低位上盘发的层次感十分丰富；在发丝之间用小朵鲜花点缀，整体造型呈现高贵而唯美的感觉。

STEP 01
将刘海区的头发向上提拉。

STEP 02
用尖尾梳将头发倒梳，增加发量。

STEP 03
将头发扭转并适当前推，进行固定。

STEP 04
将发尾收拢后在顶区固定。

STEP 05
在顶区的右侧取头发，进行两股辫编发。

STEP 06
将编好的头发抽出层次。

STEP 07
将抽出层次的头发在顶区进行固定。

STEP 08
在顶区的左侧取头发，进行两股辫编发。

STEP 09
将编好的头发向顶区的右侧固定。

STEP 10
从右侧发区取头发，进行两股辫编发后向左侧发区固定。

STEP 11
从左侧发区取头发，进行两股辫编发后向右侧发区进行固定。

STEP 12
从后发区取头发，向上打卷并固定。

STEP 13
将右侧发区剩余的头发烫卷。

STEP 14
将后发区剩余的头发烫卷。

STEP 15
将左侧发区剩余的头发烫卷。

STEP 16
将后发区右上方剩余的头发向上打卷并固定。

STEP 17
将后发区左下方剩余的头发向上打卷并固定。

STEP 18
将右侧发区的头发向刘海区的右侧固定，注意保留头发的卷度。

STEP 19
将左侧发区的头发向刘海区的左侧固定，注意保留头发的卷度。将剩余的头发向上打卷并固定。

STEP 20
佩戴鲜花，装饰造型。

05

森系新娘
白纱发型

BRIDE HAIRSTYLE

扫描二维码
观看教学视频 ▶

森系新娘白纱发型 01

操作重点:

此款造型的重点是将刘海区及后发区下方的头发打造出层次,再搭配头纱及造型花,整个造型仙气十足。

STEP 01
分出刘海区的头发。

STEP 02
将右侧发区的头发进行两股辫编发。

STEP 03
将编好的头发扭转后在后发区固定。

STEP 04
将左侧发区的头发进行两股辫编发。

STEP 05
将编发扭转好后在后发区固定。

STEP 06
在后发区的下方预留一些发丝。

STEP 07
将后发区的头发进行三股辫编发后向上打卷并固定。

STEP 08

用电卷棒将剩余的头发烫卷。

STEP 09

继续使用电卷棒将后发区下方的头发烫卷。

STEP 10

在头顶位置佩戴头纱,装饰造型。在后发区将头纱抓出褶皱层次。

STEP 11

在头顶位置佩戴花环。

STEP 12

佩戴绢花,装饰造型。

STEP 13

调整发丝层次并用发丝适当遮挡饰品。

STEP 14

对头发喷胶定型,使发丝的层次更加自然。

扫描二维码
观看教学视频 ▶

森系新娘白纱发型 02

操作重点：

注意刘海区发丝的层次感；保留一些发丝的层次感和空间感，可以
使造型花与发型完美搭配。

STEP 01
将刘海区的头发盘出弧度。

STEP 02
盘好弧度后将发尾向前打卷并固定。

STEP 03
将右侧发区的头发进行两股辫编发。

STEP 04
将编好的头发抽出层次。

STEP 05
将抽出层次的头发向顶区提拉并固定。

STEP 06
将后发区右侧的头发进行三股辫编发。

STEP 07
将编好的头发抽出层次后在右侧发区固定。

STEP 08
将后发区的部分头发进行三股辫编发。

STEP 09
将编好的头发在右侧发区进行固定。

STEP 10
将后发区剩余的头发进行三股辫编发。

STEP 11
将编好的头发在后发区打卷并固定。

STEP 12
将左侧发区的部分头发进行三股辫编发。

STEP 13
将编好的头发抽出层次后在后发区的左侧固定。

STEP 14
将左侧发区剩余的头发进行两股辫编发并扭转。

STEP 15
将扭转的头发适当抽出层次后在后发区固定。

STEP 16
在头顶位置佩戴饰品，装饰造型。

STEP 17
在头顶的左侧佩戴造型花，对造型进行装饰。

STEP 18
佩戴绿藤，点缀造型，使造型更唯美。

森系新娘白纱发型 03

操作重点：

后发区两侧的头发的编发在刘海区的固定要具有层次感，刘海区的
头发可以起到支撑的作用。

STEP 01
将右侧刘海区的头发打卷并固定。

STEP 02
继续从右侧刘海区取头发，向右侧打卷并固定。

STEP 03
将左侧刘海区的头发打卷并固定。

STEP 04
继续取头发，打卷并在左侧固定。

STEP 05
在后发区的左侧取头发，进行三股辫编发。

STEP 06
将头发抽出层次。

STEP 07
将抽出层次的头发在左侧刘海区固定。

STEP 08
在后发区的右侧取头发，将其向右侧编发。

STEP 09
将编好的头发抽出层次并在右侧刘海区固定。

STEP 10
在后发区用波纹夹将头发进行固定。

STEP 11
在后发区继续用波纹夹将头发收拢并固定。

STEP 12
将后发区的头发向下扣卷并固定。

STEP 13
在后发区的头发喷胶定型。

STEP 14
待发胶干透后取下波纹夹。

STEP 15
在头顶位置佩戴饰品。

STEP 16
在后发区系蝴蝶结。

STEP 17
在后发区佩戴造型花，装饰造型。

STEP 18
在两侧发区及刘海区佩戴造型花，装饰造型。

扫描二维码
观看教学视频 ▶

森系新娘白纱发型 04

操作重点：

此款造型在佩戴花朵饰品时，要具有一种轻盈感，与有层次感的造型和复古饰品搭配，会增添造型的浪漫气息。

STEP 01
将刘海区的头发用波纹夹向上固定。

STEP 02
固定好之后，将刘海区的头发向前推，调整好弧度后固定。

STEP 03
将右侧发区的头发向前打卷并固定。对头发喷胶定型。

STEP 04
在后发区的右侧取头发，向前打卷并固定。

STEP 05
将后发区的部分头发向右侧提拉，扭转后固定。

STEP 06
将后发区左下方的头发扭转并向右侧固定。

STEP 07
将左侧发区剩余的头发扭转后在后发区的左侧固定。

STEP 08
将剩余的发尾打卷并固定。

STEP 09
取下波纹夹。

STEP 10
在头顶位置佩戴饰品。

STEP 11
在右侧发区佩戴绢花。

STEP 12
在左侧发区佩戴绢花，装饰造型。

森系新娘白纱发型 05

操作重点：

飞舞飘逸的发丝使造型灵动感十足，搭配花朵和头纱，使整体造型呈现森系浪漫的美感。

STEP 01
在刘海区及两侧发区预留一些发丝。

STEP 02
将刘海区及顶区的头发隆起一定的高度，扭转并固定。

STEP 03
从左侧发区取部分头发，在顶区扭转并固定。

STEP 04
将左侧发区剩余的头发在顶区扭转并固定。

STEP 05
将右侧发区及部分后发区的头发向左扭转并固定在后发区。

STEP 06
将后发区左侧的头发向右下方扭转并固定。

STEP 07
将后发区剩余的头发向右上方提拉，扭转并固定。

STEP 08
将剩余的发尾扭转至左上方并固定。

STEP 09
在头顶位置佩戴头纱并在后发区的两侧固定。将头纱从后向前抓出一些褶皱层次后再次固定。

STEP 10
在右侧固定头纱的位置佩戴造型花。

STEP 11
在左侧佩戴造型花。

STEP 12
将刘海区预留的发丝烫卷。

STEP 13
将两侧发区预留的发丝烫卷。

STEP 14
将发丝抽出层次并喷胶定型。

观看教学视频 扫描二维码 ▶

森系新娘白纱发型 06

操作重点：

这是一款自然的后盘造型，操作时要注意顶区的饱满度，刘海区的头发要呈现随意感，这样搭配花环饰品后会使整体造型呈现更加自然而浪漫的感觉。

STEP 01
在左侧刘海区取头发，进行鱼骨辫编发。

STEP 02
将编好的头发抽出层次。

STEP 03
将抽出层次的头发在后发区的右侧固定。

STEP 04
将右侧刘海区的头发进行鱼骨辫编发。

STEP 05
将编好的头发抽出层次。

STEP 06
将抽出层次的头发在后发区的左侧固定。

STEP 07
将左侧发区的头发进行三股辫编发。

STEP 08
将编好的头发抽出层次后向上打卷并固定。

STEP 09
在后发区的左下方取头发，进行三股辫编发。

STEP 10
将编好的头发向上进行打卷并固定。

STEP 11
将右侧发区的头发进行三股辫编发。

STEP 12
将编好的头发抽出层次。

STEP 13
将抽出层次的头发在后发区的右侧打卷并固定。

STEP 14
将后发区剩余的头发进行三股辫编发。

STEP 15
将编好的头发抽出层次。

STEP 16
将抽出层次的头发向上打卷并固定。

STEP 17
在头顶位置佩戴饰品，装饰造型。

STEP 18
在饰品的基础上佩戴花环，装饰造型。

观看教学视频 扫描二维码 ▶

森系新娘白纱发型 07

操作重点：

在此款造型中，用缠绕的绿藤来装饰侧垂的编发，使其更具有层次感；用鲜花进行点缀，整体造型仙气十足。

STEP 01

在后发区的右侧取头发，进行三股辫编发。

STEP 02

将编好的头发用皮筋固定。

STEP 03

将三股辫适当抽松，使其更加饱满。

STEP 04

将头发适当扭转后固定在后发区的右侧。

STEP 05

将右侧发区的头发穿插在辫子中。

STEP 06

穿插好之后，对辫子的层次做调整。

STEP 07

从左侧发区取头发，进行两股辫编发。

STEP 08

将编好的头发适当抽出层次后在辫子上固定。

STEP 09

将后发区剩余的头发进行两股辫编发。

STEP 10

将编好的辫子抽出层次后固定在右侧发区。

STEP 11

调整刘海区头发的层次并将其固定。

STEP 12

将左侧发区剩余的头发向下适当扣卷，扭转后固定。

STEP 13

在头顶位置佩戴绿藤，装饰造型。

STEP 14

将绿藤缠绕在辫子上。

STEP 15

佩戴鲜花，装饰造型。

STEP 16

继续佩戴鲜花，点缀造型。

扫描二维码
观看教学视频 ▶

森系新娘白纱发型 08

操作重点：

用发丝修饰两侧的编发，使造型更具有层次感；搭配花朵及蝴蝶饰品，使整体造型浪漫可爱。

STEP 01
将刘海区的头发进行中分。

STEP 02
将两侧分出的刘海区的头发临时固定。

STEP 03
将右侧的头发进行三股辫编发。

STEP 04
将头发编至发尾，将发尾向上卷起后固定。

STEP 05
将左侧的头发进行三股辫编发。

STEP 06
将头发编至发尾。

STEP 07
将发尾向上卷起后固定。

STEP 08
固定好之后，将辫子适当抽出层次。

STEP 09
用电卷棒将刘海区的头发烫卷。

STEP 10
将烫好卷的头发调整出层次。

STEP 11
将右侧刘海区的头发在发辫上固定。

STEP 12
将左侧刘海区的头发调整出层次后在发辫上固定。

STEP 13
在皮筋固定处佩戴造型花。

STEP 14
在刘海区佩戴饰品与造型花，使两者相互结合，装饰造型。

扫描二维码
观看教学视频 ▶

森系新娘白纱发型 09

操作重点：

此款造型将波纹与编发相互结合，波纹的弧度与编发的层次通过花环饰品的装饰完美地结合。

STEP 01

在顶区取头发，将其进行三股交叉。

STEP 02

将头发向后发区的右侧进行三带一编发。

STEP 03

将后发区左侧的头发编入辫子中，进行三加二编发。

STEP 04

将左侧发区的头发也编入辫子中，在后发区的左侧将其固定。

STEP 05

将右侧发区的部分头发扭转后抽出层次。

STEP 06

将抽出层次的头发在后发区的下方固定。

STEP 07

将刘海区的部分头发推出弧度后用波纹夹固定。

STEP 08

继续用尖尾梳将头发推出合适的弧度并固定。

STEP 09

将头发在后发区的右侧向上推出弧度并固定。

STEP 10

将剩余的发尾在后发区打卷并固定。对用波纹夹固定的头发喷胶定型，待发胶干透后取下波纹夹。

STEP 11

将刘海区的头发进行两股辫编发后抽出层次。

STEP 12

将抽出层次的头发在后发区固定。

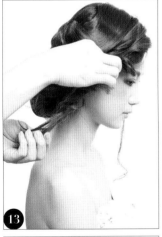

STEP 13

将刘海区剩余的头发进行两股辫编发后抽出层次。

STEP 14

将抽出层次的头发在后发区的右侧固定。

STEP 15

将左侧发区剩余的发丝在后发区固定。

STEP 16

在头顶位置佩戴花环，装饰造型。

观看教学视频 ▶ 扫描二维码

森系新娘白纱发型 10

操作重点：

偏向一侧的可爱甜美感盘发结合飘逸的发丝，使整体造型更加灵动而自然。

STEP 01
将刘海在左侧向上扭转并固定。

STEP 02
固定好之后，将发尾在左下方固定。

STEP 03
在后发区分出部分发丝。

STEP 04
将后发区左侧的头发在后发区打卷并固定。

STEP 05
将顶区的头发在头顶位置打卷并固定。

STEP 06
将右侧发区的部分头发向左拉，使发丝自然地覆盖在头发上。

STEP 07

从右侧发区及后发区分出部分发丝，然后将剩余的头发向后发区的左侧扭转并固定。

STEP 08

佩戴造型花，装饰造型。

STEP 09

调整留出的发丝的层次并将其固定。

STEP 10

调整右侧发区发丝的层次。

STEP 11

调整后发区发丝的层次。

STEP 12

对头发进行喷胶定型。